Balancier
Hydraulique
par
Antoine

1829

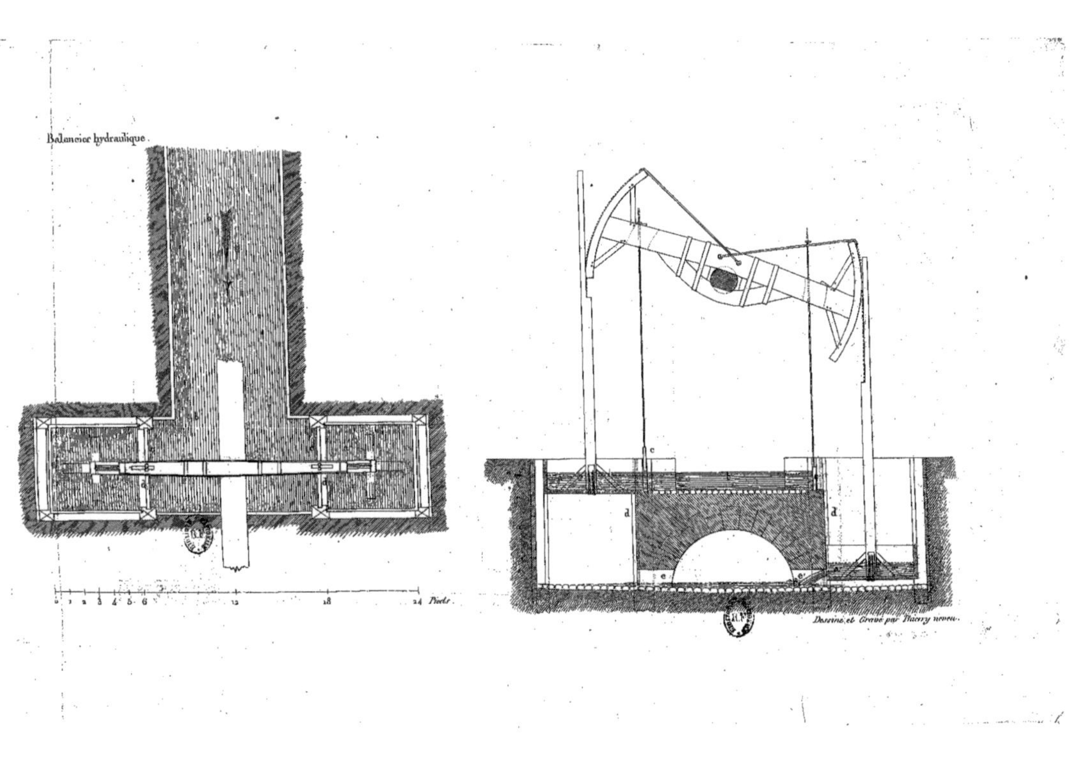
Balancier hydraulique.
0 1 2 3 4 5 6 12 18 24 Pieds.
Dessiné et Gravé par Thierry neveu.

BALANCIER
HYDRAULIQUE

CONSTRUIT

AUX CRISTALLERIES DE BACCARAT,

AVANTAGES

Que peut produire cette Machine, bien appliquée;

PAR M. D'ARTIGUES.

A PARIS,

CHEZ MADAME HUZARD (NÉE VALLAT LA CHAPELLE),
Libraire, rue de l'Eperon-Saint-André, n°. 7.

1829.

MÉMOIRE

SUR

LE BALANCIER HYDRAULIQUE

QUE J'AI CONSTRUIT AUX CRISTALLERIES QUE J'AVAIS A BACCARAT (MEURTHE),

ET

SUR LES AVANTAGES

QUE PEUT PRODUIRE CETTE MACHINE, BIEN APPLIQUÉE.

En 1817, j'ai présenté à l'Académie des sciences un mémoire sur un balancier hydraulique que je voulais faire, et où était la planche ci-jointe à ce mémoire. Elle avait nommé une commission pour juger cette machine, composée de MM. de Prony, Biot, et Gérard rapporteur, qui a fait le rapport ci-après.

La même année, j'ai construit ce balancier avec deux coffres ayant une superficie d'un mètre, et 13 pouces de hauteur pour l'eau;

mais leurs trois côtés étaient plus hauts de 4 pouces. La hauteur de la chute d'eau était de 5 pieds 9 pouces. Je n'avais de chute véritable que 4 pieds, parce qu'il a fallu ôter 14 pouces pour l'entrée de l'eau, et 7 pouces pour sa sortie, comme on le voit dans la planche ci-jointe. Ainsi, je n'avais que la force motrice de 9 pieds trois quarts cubes, tombant de 4 pieds.

J'ai fait un barrage plus bas que la sortie de l'eau pour mesurer la quantité qui s'en écoulerait dessous cette machine, et celle qui s'élèverait par deux pompes, placées l'une et l'autre des deux côtés du balancier, et qui s'écoulerait dans un bassin fait exprès. J'ai trouvé que cette machine ne perdait de la force motrice de l'eau descendante que 22 à 23 pour 100.

Si je n'avais pas vendu ma fabrique à la fin de 1823, j'aurais fait un autre balancier qui aurait eu une toise de superficie, sur 15 pouces de hauteur pour l'eau, dans ses deux coffres de bois, outre le plus de la hauteur sur leurs trois côtés. J'aurais placé cette machine sur une chute d'eau de 11 pieds 4 pouces, dont il aurait fallu ôter 16 pouces pour l'entrée de l'eau et 10 pouces pour la sortie. Il ne serait resté que 9 pieds 2 pouces de chute véritable pour 45 pieds cubes d'eau ; ce qui aurait donné une force plus grande de 10 et un quart, en comparaison du premier balancier, qui n'en avait qu'un.

Par suite de la dimension nouvelle de cette machine, j'aurais beaucoup diminué la résistance des frottemens, et par conséquent une partie des 22 à 23 centièmes que j'avais, dans mon premier balancier, de moins en force :

1°. Parce que le balancier n'aurait pesé que quatre fois plus, et que le frottement des coffres, en descendant, aurait beaucoup diminué dans les 5 pieds et 2 pouces plus bas, en raison de la vitesse plus grande de la chute sur un plan perpendiculaire, incliné seulement de 3 lignes par pied, et glissant sur six poulies en cuivre, roulantes sur trois rainures en fer, incrustées dans la charpente, qui serait soutenue de l'autre côté par une maçonnerie ;

2°. Parce que les deux pompes n'auraient eu qu'un diamètre double et une hauteur proportionnée.

Ces deux espèces de frottemens, ainsi que celui de l'eau montante, n'auraient pas été, à beaucoup près, dix fois plus grands que dans mon premier balancier.

Ensuite, je perdais, dans mon premier balancier, sur la chute de l'eau 21 pouces sur 69, ou 303 millièmes; et sur le second, j'aurais perdu 26 pouces sur 136, ou 199 millièmes :

différence 104 millièmes (ou plus d'un tiers) de plus dans mon premier balancier.

D'après cela, je ne doute pas que l'on diminuerait d'autant plus les 22 à 20 centièmes de perte que j'éprouvais, que l'on ferait mon balancier sur une plus grande dimension et sur une chute d'eau plus haute. Mais, n'eût-on perdu que 22 à 23 centièmes, ce serait encore un moyen d'employer plus utilement la force de l'eau tombante que par presque toutes les machines hydrauliques connues, et surtout avec moins de dépenses et d'entretien que pour les autres.

On dira peut-être que ce balancier ne donne qu'un mouvement d'oscillation; mais c'est celui de toutes les machines à vapeur que l'on emploie à toutes les espèces d'usines. Même avec les roues hydrauliques, il faut faire un engrenage pour donner une rotation horizontale, comme dans les moulins à farine, etc., etc. Ensuite il y a beaucoup d'usines auxquelles il ne faut qu'un mouvement de va-et-vient, comme dans les scieries, les bocards, le polissage des glaces, du marbre, les pompes, les soufflets. Dans tous ces cas, l'arbre qui porte les bras de mon balancier peut élever ou traîner tout ce qui doit redescendre ou se retirer par son propre poids, ou par un contre-poids, et cela sans aucun engrenage ni frottement.

J'ai cru qu'en publiant les résultats réels de mon premier balancier, et le perfectionnement qu'il pourrait recevoir en le faisant plus en grand et sur une chute d'eau plus haute, je rendrais service à tous ceux qui, voulant faire de nouvelles usines mues par l'eau, ou à ceux qui, désirant augmenter la force qu'ils en obtiennent, viendraient à en prendre connaissance. C'est ce qui m'a décidé à rendre publique cette machine, plus qu'elle ne l'a été jusqu'à présent, ainsi que les résultats que j'en ai obtenus.

LE BALANCIER AVEC DES CAISSES OU COFFRES.

Les deux figures de cette planche représentent le plan et la coupe de la machine dont il s'agit.

a a, le coffre arrivé en haut du plan incliné, et recevant l'eau du réservoir *b*, avec lequel il est mis en communication par l'ouverture de la pale *c*.

a' a', l'autre coffre arrivé au bas du plan incliné, et laissant échapper l'eau par l'ouverture inférieure *e'*.

b, Le réservoir d'eau.

c, la pale levée par le bras du balancier arrivé en haut.

c', la pale fermée.

d, le plan incliné, sur lequel glisse la caisse. Il s'éloigne assez peu de la verticale pour ne pas rendre le frottement trop dur. Par son fond, la caisse touche à frottement libre, mais par ses côtés elle glisse avec des liteaux en cuivre dans deux rainures en fer; et, pour ne pouvoir pas sortir de ces rainures, elle est enfermée dans un bâtis en charpente, où elle peut se mouvoir sans frottement.

e e', ouvertures au bas des plans inclinés, par où l'eau s'échappe spontanément quand la caisse est descendue jusque-là.

Une commission, composée de MM. de Prony, Biot, et Girard, rapporteur, a fait à l'Académie royale des Sciences, dans sa séance du 26 mai 1817, un rapport sur le balancier hydraulique présenté par M. d'Artigues.

Après avoir rappelé le principe sur lequel cette machine repose, et le mécanisme qui la met en action, le rapporteur déclare que, pour pouvoir déterminer quel avantage elle présente dans certaines circonstances, relativement à toute autre, il faudrait avoir fait, sur une semblable machine exécutée en grand, des expériences au moyen desquelles on eût pu comparer son *maximum* d'effet à celui d'une roue hydraulique, par exemple, qui dépenserait, sous la même charge, un égal volume d'eau. Les commissaires se bornent, en conséquence, à faire remarquer, avec M. d'Artigues, que son balancier est essentiellement propre à produire immédiatement le mouvement rectiligne de *va-et-vient*, et que, par conséquent, on peut économiser, par son moyen, la quantité de force que l'on est obligé de dépenser pour transformer le mouvement circulaire en mouvement rectiligne, lorsqu'on emploie des roues hydrauliques à la production de ce dernier.

Il nous reste, ajoute le rapporteur, à faire connaître en quoi cette machine, telle qu'elle a été imaginée par M. d'Artigues, diffère de toutes celles qui ont la même théorie, et dont la construction semble le plus s'en approcher.

L'idée de faire mouvoir des leviers par le poids de l'eau est, sans doute, une idée très ancienne, comme le prouve l'espèce de roues hydrauliques connues sous le nom de *roues à augets*, dont on attribue l'invention aux Perses; mais ces roues marchent toujours dans le même sens, et diffèrent trop, dans leurs effets immédiats, du *balancier hydraulique*, pour lui être comparées.

La première machine analogue que nous ayons retrouvée est décrite dans le premier volume de la collection de celles qui ont été approuvées par l'Académie des Sciences; elle lui fut présentée, vers l'année 1680, par M. Joly, de Dijon. Elle consiste en un levier horizontal, soutenu sur un axe de rotation entre ces deux extrémités. A l'une d'elles, et en dessus du levier, est fixée une caisse, dans laquelle se rend l'eau d'une source; à l'autre extrémité, qui se trouve à une plus grande distance de l'axe de rotation, et au dessous du levier, est placée une autre caisse, où se rend un tuyau dérivé de la première.

A mesure que l'eau de la source entre dans celles-ci, une partie s'en écoule par le tuyau dont il vient d'être fait mention, et vient remplir la caisse fixée à l'autre bout de la bascule. Lorsque cette dernière caisse a reçu un volume d'eau suffisant, elle entraîne le levier, qui, dans son mouvement angulaire, élève l'espèce d'auge qui a reçu l'eau de la source, jusqu'à la hauteur d'un réservoir dans lequel elle se verse. Pendant ce temps-là, la caisse inférieure se vide dans un canal inférieur, et la bascule, entraînée par un contre-poids, reprend sa position horizontale pour recevoir de nouvelle eau, dont le poids et l'écoulement produisent une seconde oscillation, semblable à celle qui vient d'être décrite.

M. Amy, avocat au parlement de Provence, ajouta à cette machine quelques perfectionnemens, qui furent approuvés, en 1745, sur le rapport de Bouguer. On peut voir le dessin de ce nouveau système dans le septième volume de la même collection.

La dernière machine de ce genre dont nous ayons eu connaissance a été imaginée en Angleterre par M. *Sarjeant*, de Whitehaven, auquel la Société pour l'encouragement des arts a accordé, en 1801, une médaille d'argent. Cette machine est décrite dans le second volume de la *Mécanique* de Grégory.

L'eau d'un ruisseau, soutenue par une digue à une hauteur d'environ 4 pieds au dessus du sol, est conduite, par un tuyau de bois ou de plomb, dans un baquet suspendu un peu au dessous de ce tuyau par une tige verticale inflexible, qui est elle-même attachée par un boulon à l'extrémité d'un levier horizontal, mobile sur un axe de rotation, qui le divise en deux parties inégales. Le baquet se trouve suspendu à la plus longue branche de ce levier, dont l'autre bras se termine par un arc de cercle, sur lequel s'enroule une chaîne qui porte la tige d'un piston de pompe aspirante et foulante, garni d'un contre-poids.

Si l'on suppose maintenant la bascule, chargée du contre-poids et du baquet, dans une position qui permette à celui-ci de recevoir une certaine quantité d'eau de la source, on conçoit qu'à mesure qu'il se remplira, il deviendra plus pesant, et qu'il finira par enlever le piston et le contre-poids suspendus de l'autre côté de l'axe de rotation. Lorsque le baquet est descendu à 4 ou 5 pouces au dessus du dernier terme de sa course, une soupape, qui ferme une ouverture pratiquée à son fond, se soulève; l'eau qu'il contenait s'échappe par cette ouverture, et s'écoule dans le ruisseau où plonge le corps de pompe : alors le piston et le contre-poids descendent à leur tour, et replacent le baquet sous la source. Il se remplit et descend de nouveau : ainsi s'opère le mouvement de *va-et-vient*, nécessaire à la manœuvre de la pompe.

Le jeu de la soupape placée au fond du baquet est très simple; elle est tout à fait semblable à celle qui est placée au fond des baignoires ordinaires, et retenue comme elle par une corde qui est attachée à un point fixe en dehors du baquet. Cette corde est plus courte que la droite, parcourue de toute la quantité dont la soupape doit se soulever : ainsi la corde, en se raidissant lorsque le baquet est arrivé au bas de sa course, lève la soupape, qui reprend naturellement sa place, et referme l'orifice lorsque le baquet, vide, étant entraîné par le contre-poids, vient se replacer sous la source.

On voit que cette machine est extrêmement simple, et qu'elle offre un moyen très commode d'employer une chute à faire monter, au moyen d'une pompe ordinaire, une partie de l'eau qu'elle fournit. Nous nous sommes un instant arrêté à sa description, parce qu'elle est peu connue, et qu'elle est susceptible d'une application facile sans entraîner à de grandes dépenses. Suivant l'inventeur de cette machine, il n'employa à sa construction qu'un serrurier et qu'un charpentier de village, et elle ne lui coûta qu'environ 120 francs, non compris la dépense de la pompe arpirante et foulante et des tuyaux de plomb.

Cette pompe élevait l'eau à 61 pieds anglais de hauteur, par un tuyau de plomb d'un pouce de diamètre et de 420 pieds de longueur développée.

Le baquet devait être rempli de 18 gallons d'eau équivalant à 67 kilogr. environ, pour élever le contre-poids, qui pesait 240 livres *avoir de poids* ou 108 kilogr.; la machine produisait trois impulsions par minute, et élevait $\frac{1}{2}$ gallon à chaque impulsion, c'est à dire 2 kilogr. $\frac{18}{100}$.

L'effort de la puissance est par conséquent exprimé par 67 kilogr. descendant d'une hauteur de 4 pieds, ou par le nombre 268; tandis que l'effet utile est égal à 2 kilogr. $\frac{18}{100}$, qui montent à une hauteur de 61 pieds, ou au nombre 132, c'est à dire que la puissance se trouve à peu près double de l'effet.

Or, ce rapport est celui qui existe le plus généralement entre la puissance et l'effet dans les roues *à augets* ordinaires, ainsi que les expériences de Sméathon l'ont fait connaître: d'où il suit que l'avantage des machines mises en mouvement par le poids de l'eau est à peu près le même, soit que l'on produise par ce moyen un mouvement de rotation, soit que l'on produise un mouvement de bascule.

Mais il faut considérer que la machine de M. *Sarjeant*, que nous venons de décrire, avait été fabriquée grossièrement, comme il l'annonce lui-même, et que, par conséquent, son produit est moins considérable qu'il ne le serait, si la construction en eût été plus soignée.

Les trois machines que nous venons de rappeler sont, comme on voit, analogues à celles de M. d'Artigues, puisque l'on produit, à l'aide des unes et des autres, un mouvement de bascule en chargeant et déchargeant alternativement l'un des bras du balancier. Mais celle de M d'Artigues diffère des précédentes, en ce que la puissance agissant alternativement d'une manière semblable de part et d'autre de l'axe de rotation, le système est par cela même susceptible d'applications plus générales, et d'une perfection d'autant plus grande que l'ouverture des orifices pratiqués à la partie inférieure de chaque cylindre sera réglée de manière que l'un des pistons commence à descendre au moment même où l'eau qui pressait l'autre piston a fini de s'écouler. On pourra aussi, comme M. d'Artigues paraît déjà y avoir pensé, substituer aux pistons, afin d'éviter le frottement qu'ils éprouvent dans l'intérieur des cylindres où ils se meuvent, des caisses garnies de soupapes, ou qui pourront, par tout autre moyen, contenir d'abord l'eau dont elles seront chargées, et la laisser évacuer ensuite.

Nous pensons que M. d'Artigues, auquel les circonstances permettent de faire exécuter, pour ses usines, *le balancier hydraulique* dont il a conçu l'idée, doit être encouragé à poursuivre ce genre de recherches.

Nous pensons, de plus, que son balancier hydraulique, qui est un perfectionnement de tous ceux que l'on a construits jusqu'à présent sur les mêmes principes, mérite l'approbation de l'Académie.

L'Académie a approuvé le rapport, et en a adopté les conclusions.

Imprimerie de Madame HUZARD (née Vallat la Chapelle), rue de l'Éperon, n°. 7.

www.ingramcontent.com/pod-product-compliance
Ingram Content Group UK Ltd.
Pitfield, Milton Keynes, MK11 3LW, UK
UKHW022211190726
13855UKWH00004B/1711

9 782012 857094